はじめに

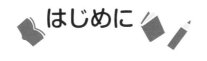

三木　俊一

　このドリル集は、文章題の基本の型がよく分かるように作られています。「ぶんしょうだい」と聞くと、「むずかしい」と反応しがちですが、文章題の基本の型は、決して難しいものではありません。基本の型はシンプルで易しいものです。

　文章題に取り組むときは以下のようにしてみましょう。

① 　問題文を何回も読んで覚えること
② 　立式に必要な数を見分けること
③ 　何をたずねているかがわかること

　②は、必要な数の下に_____を、③は、たずねている文の下に_____を引くとよいでしょう。

　（例）はがきが210まいあります。これを25まいずつ束（たば）にします。
　　　何束できて何まいあまりますか。

5分間ドリルのやり方

1. 1日5分集中しよう。
　　短い時間なので、いやになりません。

2. 毎日続けよう。
　　家庭学習の習慣が身につきます。

3. 基本問題をくり返しやろう。
　　やさしい問題を学習していくことで、基礎学力が
　　身につき、読解力も向上します。

もくじ

÷１けた ……………………………………………… 1 ～ 8

÷２けた ……………………………………………… 9 ～ 38

小数のたし算 ……………………………………… 39 ～ 44

小数のひき算 ……………………………………… 45 ～ 50

分数のたし算 ……………………………………… 51 ～ 52

分数のひき算 ……………………………………… 53 ～ 54

小数のかけ算 ……………………………………… 55 ～ 62

小数のわり算 ……………………………………… 63 ～ 68

がい数を使って …………………………………… 69 ～ 76

１つの式でとく …………………………………… 77 ～ 86

1　ジュースが72本あります。このジュースを6本ずつケースに入れます。

何ケースできますか。

うすく書いてある
数字はえん筆で
なぞってね。

$$72 ÷ 6 =$$

大きい位から
じゅんに計算
するんだね。

答え　　　　　ケース

2　チョコレートが84まいあります。このチョコレートを7まいずつ箱に入れます。

何箱できますか。

$$84 ÷ \quad =$$

答え　　　　　箱

1　カーネーションが80本あります。このカーネーションを 5 本ずつ花束にします。

　花束は何束できますか。

$$\div\quad=$$

答え　　　　　　束

2　長さ75mのロープがあります。このロープを 3 mの長さに切っていきます。

　3 mのロープは何本できますか。

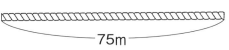
75m

$$\div\quad=$$

答え　　　　　　本

1　色画用紙が95まいあります。1人に4まいずつ配ります。

　何人に配れて、何まいあまりますか。

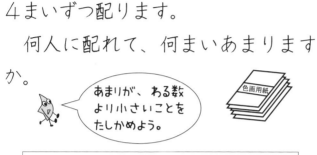

あまりが、ある数より小さいことをたしかめよう。

色画用紙

```
      2
  4 ) 9 5
```

$$95 \div 4 = \quad \text{あまり} \cdots$$

答え　　　人　あまり　　まい

2　画用紙が95まいあります。1人に7まいずつ配ります。

　何人に配れて、何まいあまりますか。

```
  7 ) 9 5
```

$$\div \quad = \quad \text{あまり} \cdots$$

答え　　　人　あまり　　まい

1　えん筆が85本あります。3つの組で同じ数ずつ分けます。1組分は何本で、何本あまりますか。

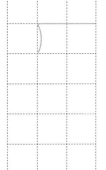

| ÷ | ＝ | ・・・ |

答え　　　本 あまり　　本

2　えん筆が85本あります。4つの組で同じ数ずつ分けます。1組分は何本で、何本あまりますか。

| ÷ | ＝ | ・・・ |

答え　　　本 あまり　　本

1　738まいの色紙を、3つの組で
　同じ数ずつ分けると、1組分は何
　まいですか。

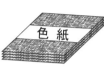

$$738 \div 3 =$$

答え　　　　まい

```
    2
3)7 3 8
  6
  1 3
```

2　940まいの色紙を、4人で同じ
　数ずつ折りづるを折ると、1人何
　羽ですか。

$$\div \quad =$$

```
)9 4 0
```

答え　　　　羽

1　725このミニトマトを、5つの
箱に同じ数ずつ入れると、1箱分
は何こですか。

┌─────────────────────┐
│　　　÷　　　＝　　　│
└─────────────────────┘

答え　　　　　　　　　こ

2　864本のえん筆を、6つの箱に
同じ数ずつ入れると、1箱分は何
本ですか。

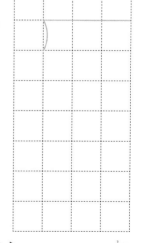

┌─────────────────────┐
│　　　÷　　　＝　　　│
└─────────────────────┘

答え　　　　　　　　　本

1　444このボールを、1箱に6こ
ずつ入れます。

　ボール6こ入りの箱は何箱でき
ますか。

　　　　答えが百の位に
　　　　たたないときは、
　　　　順に位を下げて
　　　　いって計算するよ。

```
      7
6)4 4 4
```

444 ÷ ＝

答え　　　　　　箱

2　280このあめを、1箱に8こず
つ入れます。

　あめ8こ入りの箱は何箱できま
すか。

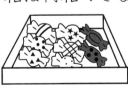

```
)2 8 0
```

÷ ＝

答え　　　　　　箱

1　長さ312mのロープがあります。
　これを同じ長さの6本のロープに切ります。1本分は何mですか。

1本分 〰〰〰〰〰〰〰〰〰〰〰
　　　　　　？ m

｜　　　÷　　　＝

答え　　　　　　　　　m

2　色紙が315まいあります。
　これを7人で同じ数ずつ分けます。1人分は何まいですか。

｜　　　÷　　　＝

答え　　　　　　　　まい

1　1本60円のえん筆があります。

240円でこのえん筆は何本買えますか。

```
        4
6 0)2 4 0
```

$$240 \div 60 =$$

答え　　　　本

2　1本70円のバナナがあります。

350円でこのバナナは何本買えますか。

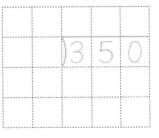

```
   )3 5 0
```

$$\div\qquad=$$

答え　　　　本

① 色紙が480まいあります。
　80まいずつ束にすると、何束
できますか。

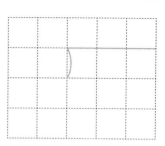

80まい

┌─────────────────────┐
│　　　÷　　　＝　　　│
└─────────────────────┘

答え　　　　　　束

② クッキーが240こあります。
　30こずつ箱に入れると、何箱
できますか。

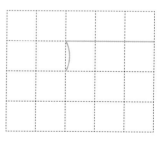

┌─────────────────────┐
│　　　÷　　　＝　　　│
└─────────────────────┘

答え　　　　　箱

1 400円持っています。

　1本60円のえん筆は何本買え て、何円あまりますか。

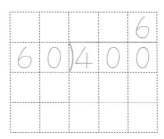

$$400 \div 60 = \quad \text{あまり} \cdots$$

答えに本と円があるよ。
答え方に注意。　　答え ＿＿＿＿ 本 あまり 円

2 500円持っています。

　1こ80円のトマトは何こ買え て、何円あまりますか。

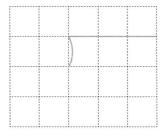

$$\div \quad = \quad \text{あまり} \cdots$$

答え ＿＿＿ こ あまり 円

1　くぎが300本あります。この
くぎを70本ずつ箱に入れます。
何箱できて、何本あまります
か。

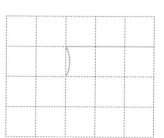

| ÷ | ＝ | ・・・ |

答え　　　箱 あまり　　本

2　長さ220cmのリボンがありま
す。このリボンから、長さ
40cmのリボンは何本とれて、
何cmあまりますか。

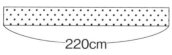
220cm

| ÷ | ＝ | ・・・ |

答え　　　本 あまり　　cm

1　チョコレートが84まいあります。これを12の箱に同じ数ずつ入れます。1箱は何まいですか。

	1	2	8	4

$$84 \div \boxed{} = \boxed{}$$

2けた÷2けたのわり算では、答えのたつ位置は一の位だよ。

答え　　　　　　まい

2　かしパンが72こあります。これを24まいのふくろに同じ数ずつ入れます。1ふくろは何こですか。

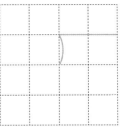

$$\boxed{} \div \boxed{} = \boxed{}$$

答え　　　　　　こ

1　カードが78まいあります。これ
を１人に26まいずつ配ります。
　カードは何人に配れますか。

）7 8

÷ 26 ＝

答え　　　　　　人

2　えん筆が96本あります。これを
１ダース（12本）ずつケースに入
れます。
　何ケースできますか。

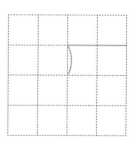

）

÷ ＝

答え　　　　　ケース

1 ノートが64さつあります。これ
を16人で同じ数ずつ分けると、
1人分は何さつですか。

| ÷ | ＝ |

答え_____さつ

2 メロンが90こあります。これを
15の箱に同じ数ずつ入れると、
1箱分は何こですか。

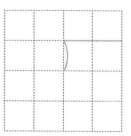

| ÷ | ＝ |

答え_____こ

1　本が75さつあります。この本を
1人が25さつずつ運びます。
人は何人必要ですか。

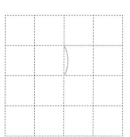

答え _____ 人

2　長さ90mのロープがあります。
このロープを18mずつ切ります。
18mのロープは何本できますか。

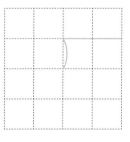

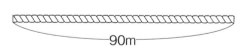
90m

答え _____ 本

1 　えん筆が65本あります。これを
12本ずつケースに入れます。
　　何ケースできますか。

あまりは 1 ケースに
はならないよ。

$$\div \qquad = \qquad あまり\ \cdots$$

答え　　　　　　ケース

2 　きゅうりが98本あります。これ
を24本ずつ箱に入れます。
　　何箱できますか。

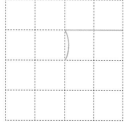

$$\div \qquad = \qquad あまり\ \cdots$$

答え　　　　　　箱

1　いちごが80こあります。これを
18こずつ箱に入れます。
　　何箱できますか。

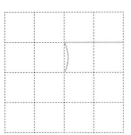

　　　　÷　　　＝　　　・・・

答え　　　　　　　箱

2　長さ95cmのリボンがあります。
これを15cmずつ切ります。
　　15cmのリボンは何本できます
か。

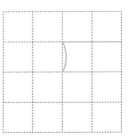

95cm

　　　　÷　　　＝　　　・・・

答え　　　　　　　本

1　花が84本あります。この花を16本ずつ束ねます。

　　何束できて、何本あまりますか。

```
1 6)8 4
```

÷	＝	・・・

　　　　　答え　　束 あまり　　本

2　95このみかんがあります。このみかんを26こずつ箱に入れます。

　　何箱できて、何こあまりますか。

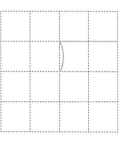

÷	＝	・・・

　　　　　答え　　箱 あまり　　こ

1　長さ64cmのリボンがあります。
これを 18cmずつ切ります。
　18cmのリボンが何本できて、
何cmあまりますか。

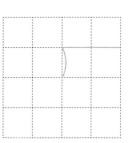

64cm

```
     ÷     ＝    ・・・
```

　　　　　答え　　本 あまり　　　cm

2　カードが76まいあります。これ
を 18人で同じ数ずつ分けます。
　１人分は何まいで、何まいあま
りますか。

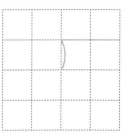

```
     ÷     ＝    ・・・
```

　　　　　答え　まい あまり　まい

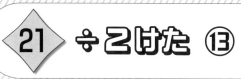

1　えん筆が108本あります。18人で同じ数ずつ分けます。

　　1人分は何本ですか。

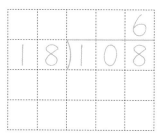

$$108 ÷ \quad =$$

答え　　　　　　本

2　135cmのリボンがあります。これを同じ長さの15本のリボンに切ります。

　　1本分は何cmですか。

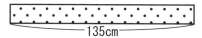
135cm

$$\quad ÷ \quad = \quad$$

答え　　　　　cm

1　180この荷物があります。これをトラックに36こずつのせます。

　荷物はトラック何台分ですか。

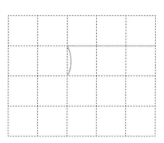

÷	=

答え　　　　台分

2　長さ270cmのテープがあります。これを45cmずつに切ります。

　45cmのテープは何本できますか。

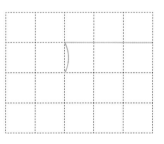

÷	=

答え　　　　本

1　色紙が112まいあります。28人で同じ数ずつ分けると、1人分は何まいですか。

28〕112

☐ ÷ ☐ ＝ ☐

答え　　　　まい

2　長さ220cmのリボンがあります。55cmずつ切ると、55cmのリボンは何本とれますか。

☐ ÷ ☐ ＝ ☐

答え　　　　本

1　画用紙が208まいあります。
26人で同じ数ずつ分けると、
1人分は何まいですか。

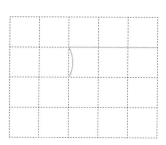

$$\boxed{\qquad \div \qquad = \qquad}$$

答え　　　　まい

2　荷物が228こあります。
トラックに38こずつのせる
と、荷物はトラック何台分ですか。

$$\boxed{\qquad \div \qquad = \qquad}$$

答え　　　　台分

1 りんごが130こあります。これを18こずつ箱に入れます。
　何箱できますか。

あまりは1箱として数えないよ。

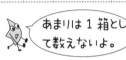

□ ÷ □ = □ あまり ・・・

答え 　　　　　箱

2 色紙が180まいあります。これを1人に25まいずつ配ります。
　何人に配れますか。

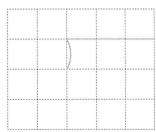

□ ÷ □ = □ あまり ・・・

答え 　　　　　人

1　花が290本あります。これを
　35人で同じ数ずつ分けると、
　1人分は何本ですか。

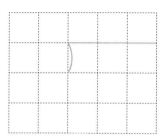

　　　　÷　　　　＝　　　　…

　　　　　　　　答え　　　　　　本

2　すいかが170こあります。こ
　れを同じ数ずつ28の箱に入れる
　と、1箱分は何こですか。

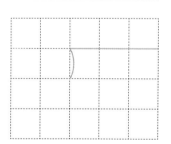

　　　　÷　　　　＝　　　　…

　　　　　　　　答え　　　　　　こ

1　くりが110こあります。15人で同じ数ずつ分けます。

　　1人分は何こで、何こあまりますか。

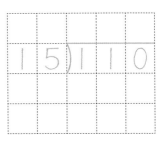

```
1 5 ) 1 1 0
```

÷	＝	・・・

　　　　　答え　　　こ　あまり　　こ

2　クッキーが200こあります。28人で同じ数ずつ分けます。

　　1人分は何こで、何こあまりますか。

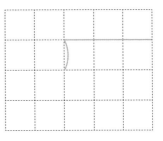

÷	＝	・・・

　　　　　答え　　こ　あまり　　こ

1　はがきが210まいあります。25まいずつ束(たば)にします。

　何束できて、何まいあまりますか。

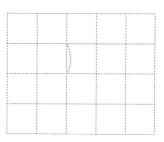

25まい

$$\div\quad=\quad\cdots$$

答え　　　束　あまり　　　まい

2　チョコレートが150まいあります。16まいずつ箱に入れます。

　何箱できて、何まいあまりますか。

$$\div\quad=\quad\cdots$$

答え　　　箱　あまり　　　まい

1　トマトが288こあります。これを12この箱に同じ数ずつ入れると、1箱分は何こですか。

```
        2
1 2)2 8 8
    2 4
```

288 ÷ 　　 =

答え　　　　　　こ

2　ミニトマトが675こあります。これを25この箱に同じ数ずつ入れると、1箱分は何こですか。

　　　÷　　　 =

答え　　　　　　こ

1　花が450本あります。この花を1人に18本ずつ配ると、何人に配れますか。

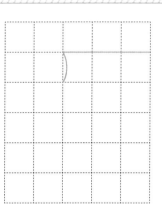

$$ \div \quad = $$

答え＿＿＿＿＿＿人

2　みかんが540こあります。このみかんを36こずつ箱に入れると、何箱できますか。

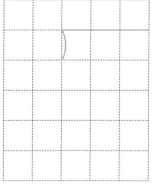

$$ \div \quad = $$

答え＿＿＿＿＿＿箱

1　さくらんぼが185こあります。これを12人で同じ数ずつ分けます。

1人分は何こで、何こあまりますか。

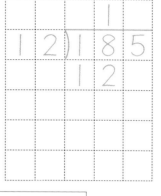

```
        1
  1 2 ) 1 8 5
        1 2
```

$$185 \div \quad = \quad \text{あまり}$$

答え　　　こ　あまり　　　こ

2　色紙が320まいあります。これを15人で同じ数ずつ分けます。

1人分は何まいで、何まいあまりますか。

```
  ) 3 2 0
```

$$\quad \div \quad = \quad \text{あまり}$$

答え　　　まい　あまり　　　まい

① あめが470こあります。これを26こずつ箱に入れると、何箱できて、何こあまりますか。

□ ÷ □ = □ … □

答え　　箱 あまり　　こ

② 545cmのリボンがあります。これを45cmずつ切ると、45cmのリボンは何本できて、何cmあまりますか。

□ ÷ □ = □ … □

答え　　本 あまり　　cm

1　色紙が550まいあります。これを26まいずつ配っていくと、何人に配れますか。

```
2 6 ) 5 5 0
```

÷　　　＝　　　…

答え　　　　　　　人

2　うずらのたまごが750こあります。これを24こずつ箱に入れていくと、何箱できますか。

÷　　　＝　　　…

答え　　　　　　　箱

1　スプーンが630本あります。
これを48本ずつ箱に入れます。
　何箱できますか。

┌─────────────────────┐
│　　　÷　　＝　　　…　　　│
└─────────────────────┘

答え　　　　　　　箱

2　580cmのはり金があります。
これを38cmずつに切ります。
　38cmのはり金は何本できま
すか。

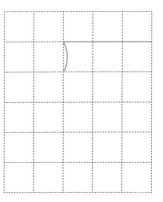

┌─────────────────────┐
│　　　÷　　＝　　　…　　　│
└─────────────────────┘

答え　　　　　　　本

1　画用紙１まいで、18まいの
カードを作ります。

カードを430まい作るには、画
用紙は何まいいりますか。

計算では、あまりがでるよ。
このあまりを作るのに、
画用紙が１まいいるよ。

$$\begin{array}{r} 2 \\ 18\overline{)430} \\ 36 \end{array}$$

430 ÷ ＝ あまり • • •

答え　　　　　まい

2　500この荷物があります。ト
ラックで１回に46こ運びます。
全部を運ぶには、何回かかりま
すか。

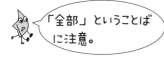
「全部」ということば
に注意。

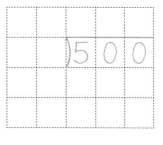

$$\begin{array}{r})500 \end{array}$$

÷ ＝ あまり • • •

答え　　　　　回

1　折りづるを200羽折ります。1日に16羽ずつ折っていくと、全部折るのに何日かかりますか。

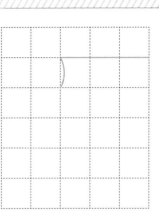

| ÷ | = | ... |

答え　　　　　日

2　レモンが400こあります。これを箱に24こずつ入れていくと、全部入れるのに何箱いりますか。

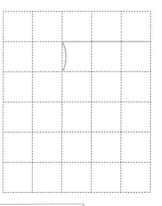

| ÷ | = | ... |

答え　　　　　箱

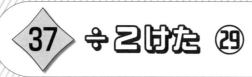

1　216ページの本があります。毎日20ページずつ読むと、何日で読み終えますか。

$$20 \overline{)216}$$

┌─────────────────────────────┐
│　　　÷　　　＝　　　…　　　│
└─────────────────────────────┘

答え　　　　　　　　日

2　ノートが800さつあります。1箱に48さつずつ入れていくと、全部入れるのに何箱いりますか。

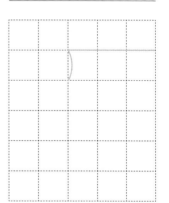

┌─────────────────────────────┐
│　　　÷　　　＝　　　…　　　│
└─────────────────────────────┘

答え　　　　　　　　箱

1　ジュースが570本あります。
　1このケースに24本入れます。
　全部入れるには、ケースは何こ
　いりますか。

┌─────────────────────┐
│　　　÷　　　＝　　　…　　　│
└─────────────────────┘

答え　　　　　　　　　こ

2　こまを750こ作ります。毎日
　65こずつ作ります。全部作るに
　は、何日かかりますか。

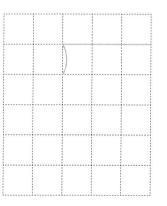

┌─────────────────────┐
│　　　÷　　　＝　　　…　　　│
└─────────────────────┘

答え　　　　　　　　　日

39 小数のたし算 ①

月　日

1　リボンを2.3m切りとりました。残_{のこ}りは4.2mです。はじめのリボンの長さは何mですか。

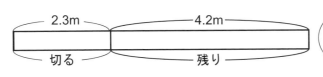

2.3m　　切る

4.2m　　残り

位_{くらい}をそろえて計算しよう。

2.3 ＋ 4.2 ＝

答え　　　　　　　　m

2　はり金_{がね}を3.2m使いました。残りは5.4mです。はじめのはり金の長さは何mですか。

3.2m　　5.4m

? m

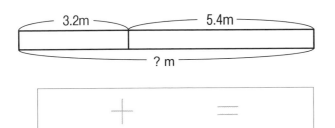

＋　　　＝

答え　　　　　　　　m

① 4kgの荷物と、3.6kgの荷物があります。2つの荷物を合わせると、何kgですか。

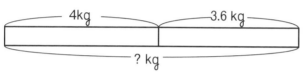

? kg

4 は
4.0と
同じだよ。

4 ＋ 　　　＝

答え　　　　kg

② ジュースがびんに0.3Lと、紙パックに1.4Lあります。2つのジュースを合わせると、何Lですか。

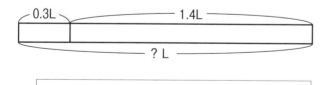

0.3L　　　　1.4L

? L

＋　　　＝

答え　　　　L

1　0.8kgの入れ物に、さとうを3.2kg 入れます。

全体の重さは何kgですか。

```
  0.8
+ 3.2
  4.0
```

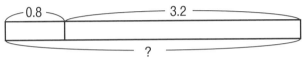

?

0をけして、
小数点もけすよ。

	＋		＝	

答え　　　　　　　kg

2　1.4kgの入れ物に、4.6kgの大豆を 入れます。

全体の重さは何kgですか。

1.4　　　　　4.6

?

	＋		＝	

答え　　　　　　　kg

1　トラックにすなが2.6t積まれています。そこへ、もう1.4t積みこみました。

全体のすなの重さは何tですか。

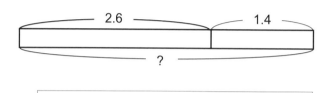

＋	＝

答え　　　　　　　　　t

2　あつさ4.5cmの国語辞典と、あつさ3.5cmの漢字辞典があります。

2つを重ねると何cmですか。

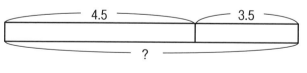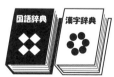

＋	＝

答え　　　　　　　　cm

43 小数のたし算 ⑤

月　日

---

① ジュースが紙パックに1.25L、ペットボトルに1.54L入っています。

　ジュースは合わせて何Lですか。

	1	.	2	5
+	1	.	5	4

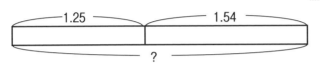

1.25＋　　　　＝

答え　　　　　　L

---

② みんなでジュースを2.25L飲みました。まだ、0.4L残っています。

　ジュースははじめ何Lありましたか。

	2	.	2	5

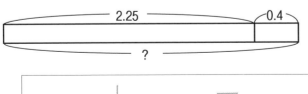

　　　　＋　　　　＝

答え　　　　　　L

① 家から2.55kmのところを歩いています。あと1.05km歩くと、植物園です。

　家から植物園までは何kmですか。

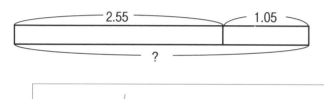

| ＋ | ＝ |

答え　　　　　　km

② 子ねこの体重は2.35kgです。親ねこは子ねこより3.65kg重いです。

　親ねこは何kgですか。

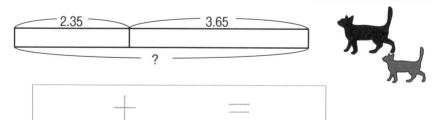

| ＋ | ＝ |

答え　　　　　　kg

45 小数のひき算 ①

月 日

1　やかんに麦茶が1.2Lあります。そのうち、0.7Lを水とうに入れました。麦茶は何L残っていますか。

	1	2
−	0	7

1.2L

0.7L　　残り

1.2 − 0.7 ＝

答え　　　　　　　L

2　長さ3.2mのロープがあります。そのうち、2.7m使いました。ロープは何m残っていますか。

	3	2

3.2m

2.7m　　残り

−	＝

答え　　　　　　　m

① 7kmはなれたおじさんの家までいきます。4.5kmのところまできました。残り何kmですか。

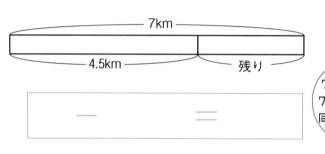

7km
4.5km　残り

7は7.0と同じだよ。

□ 　ー　　□

答え　　　　km

② 米が4.3kgあります。今日、1.4kg使いました。残り何kgですか。

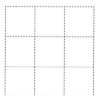

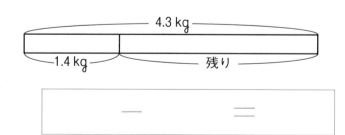

4.3 kg
1.4 kg　残り

□ 　ー　　□

答え　　　　kg

1 米が3.6kgあります。
今日の朝、1.6kg使いました。
残り何kgですか。

	3	6
−	1	6
	2	0

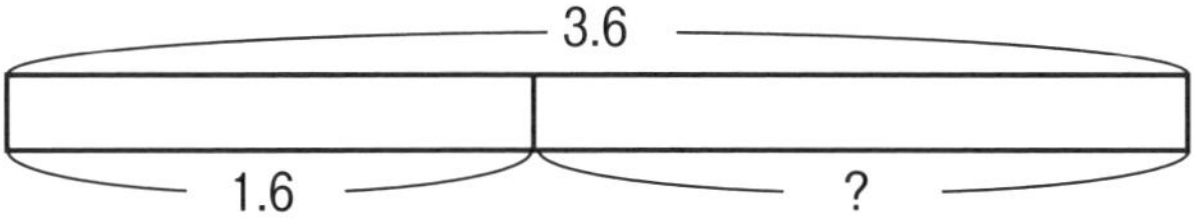

3.6
1.6　　　　？

0をけして、
小数点もけすよ。

答え　　　　　　kg

2 さとうが5.7kgあります。
今日、1.7kg使いました。
残り何kgですか。

5.7
1.7　　　　？

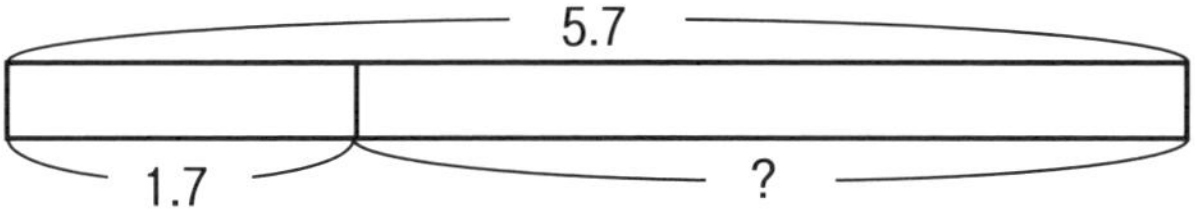

答え　　　　　　kg

1　8.5mのロープがあります。

2.5m切りとりました。

残り何mですか。

8.5

2.5　　　　　　？

```
  8 . 5
- 2 . 5
```

| ─ | | 二 |

答え　　　　　　　　　　m

2　しょうゆが6.3Lあります。

1.3L使いました。

残り何Lですか。

6.3

1.3　　　　　　残り

```
  6 . 3
- 
```

| ─ | | 二 |

答え　　　　　　　　　　L

49 小数のひき算 ⑤

月　日

---

① 重さ1.26kgの入れ物に米を入れ
ると、全体の重さは6.58kgです。
　米だけの重さは何kgですか。

		6	5	8
	−	1	2	6

米
6.58kg

6.58 ──　　　　＝

答え　　　　　　　kg

② 重さ0.75kgのふくろに米を入れ
ると、全体の重さは4.97kgです。
　米だけの重さは何kgですか。

		4	9	7

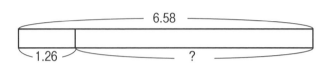

　　　　　──　　　　　＝

答え　　　　　　　kg

1　5.32kmはなれた山に向かって歩いています。2.3km歩きました。

残り何kmですか。

```
          5.32
┌─────┬───────────┐
│     │           │
└─────┴───────────┘
  2.3        ?
```

┌─────────────────────────┐
│　　　─　　　　　＝　　　　│
└─────────────────────────┘

小数点をそろえて計算しよう。2.3は2.30と考えるよ。

答え　　　　　km

2　長さ7.65mのロープがあります。

そのうち、4.6mを使いました。

残り何mですか。

```
       7.65
┌──────┬────────┐
│      │        │
└──────┴────────┘
  4.6       ?
```

┌─────────────────────────┐
│　　　─　　　　　＝　　　　│
└─────────────────────────┘

答え　　　　　m

51　分数のたし算 ①

月　日

① しょうゆが $\frac{3}{4}$ L あります。そこへ $\frac{2}{4}$ L 入れます。

しょうゆは合わせて何 L ですか。

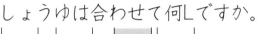

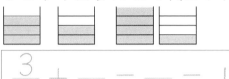

帯分数だね。

$$\frac{3}{4} + \frac{\ \ }{\ \ } = \frac{\ \ }{\ \ } = 1\frac{1}{4}$$

分母が同じときは、分子どうしのたし算になるよ。

＿＿ L

答え ＿＿＿＿＿＿＿

② $\frac{7}{8}$ m のリボンと、$3\frac{1}{8}$ m のリボンがあります。

リボンは合わせて何 m ですか。

$$\frac{\ \ }{\ \ } + 3\frac{1}{8} = \frac{\ \ }{\ \ } = 4$$

答え ＿＿＿＿＿＿ m

1　リボンを $2\frac{4}{7}$ m使ったので、残り $3\frac{1}{7}$ mになりました。もとのリボンは何mですか。

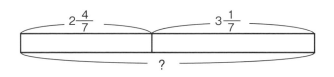

$$\boxed{} + 3\frac{1}{7} = \boxed{}$$

帯分数のたし算は、
整数部分の和と
分数部分の和を
合わせるよ。

$\underline{}$ m

答え

2　入れ物に米が $3\frac{3}{4}$ kgあります。そこへ、$4\frac{2}{4}$ kg入れました。米は全部で何kgですか。

$$3\frac{3}{4} + \boxed{} = \boxed{} = \boxed{}$$

$\underline{}$ kg

答え

1　なたね油が $\frac{8}{9}$ L あります。そのうちの $\frac{2}{9}$ L を使う

と、残りは何Lですか。

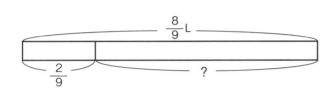

$$\frac{8}{9} - \frac{2}{9} = \underline{}$$

 分母が同じときは、
分子どうしの
ひき算になるよ。

答え　　　　　　　　 L

2　小麦こが $2\frac{7}{10}$ kg あります。そのうちの $\frac{6}{10}$ kg を

使うと、残りは何kgですか。

$$2\frac{7}{10} - \underline{} = \underline{}$$

答え　　　　　　　　 kg

54 分数のひき算 ②

月　日

1　長さ $4\frac{4}{5}$ mのロープがあります。$2\frac{3}{5}$ m使うと、

^{のこ}残りは何mですか。

$4\frac{4}{5}$

$2\frac{3}{5}$　　　?

$$4\ \_\_ \ \_\ \_\_ \ =\ \_\_$$

――m

答え _____

2　リボンが3mあります。$1\frac{3}{5}$ m使うと、残りは

何mですか。

$$3\ -\ \_\_\ =\ 2\frac{5}{5}\ -\ \_\_\ =\ \_\_$$

3は$\frac{5}{5}$が
3つぶんだよ。

――m

答え _____

1　重さが3.7kgの鉄パイプがあ
ります。この鉄パイプ5本分の
重さは何kgですか。

3.7kg

右に
そろえ
て書く
よ。

かけられる数の
小数点にそろえ
て小数点を打
とう。

$$3.7 \times 5 =$$

答え　　　　　　kg

2　バケツに水を5.4Lずつ入れます。
バケツ6ぱい分の水は何Lですか。

5.4L

$$\qquad \times \qquad =$$

答え　　　　　　L

1　米をふくろに3.5kgずつ入れます。
　ふくろ5まい分の米は何kgですか。

3.5kg

×	=

答え　　　　　　　kg

2　１周2.4kmのジョギングコースを、
　毎日１周します。１週間続けると、何km
　ですか。

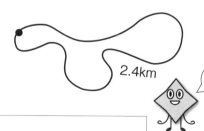

2.4km

１週間は７日
だよ。

×	=

答え　　　　　　　km

57 小数のかけ算 ③

月　日

1　赤いテープの長さは2.45mです。白いテープは、赤いテープの6倍です。白いテープは何mですか。

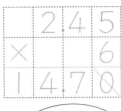

	2	4	5
×			6
1	4	7	0

O をけすよ。

$$2.45 \times \boxed{} = \boxed{}$$

答え　　　　　　　m

2　重さが3.24kgの鉄パイプがあります。この鉄パイプ5本分の重さは何kgですか。

	3	2	4

3.24kg

$$\boxed{} \times \boxed{} = \boxed{}$$

答え　　　　　　　kg

1　黄色のテープの長さは4.35mです。青色のテープは、黄色のテープの8倍です。青色のテープは何mですか。

```
        ×         =
```

答え　　　　　　　　　m

2　ダンボールの箱に炭が3.25kgずつ入っています。このダンボール箱4こ分の炭の重さは何kgですか。

0をけすよ。
2つけすのを
わすれないでね。

```
        ×         =
```

答え　　　　　　　　　kg

1　ロープを2.5mずつ切っていくと、ちょうど35本とれました。このロープのもとの長さは何mですか。

		2	.	5
	×	3		5
	1	2		5
7	5			

$$2.5 \times 35 =$$

答え　　　　　　m

2　ダンボール箱にみかんが3.2kgずつ入っています。このダンボール箱28こ分のみかんの重さは何kgですか。

3.2kg

		3	.	2
	×			

$$\boxed{} \times \boxed{} =$$

答え　　　　　　kg

1 1周2.6kmのジョギングコースを、毎日1周します。4週間（28日）続けると何kmですか。

2.6km

| × | = |

答え   km

2 オレンジジュースは1本1.5L入りです。これが63本あります。オレンジジュースは、全部で何Lですか。

1.5L

| × | = |

答え   L

61 小数のかけ算 ⑦

月　日

1　0.86L入りのサラダ油のペット
ボトルが24本あります。サラダ油
は全部で何Lですか。

	0	.	8	6
×			2	4
		3	4	4
	1	7	2	

```
0.86 ×       =
```

答え　　　　　　　L

2　1さつ1.55kgの本が15さつあ
ります。15さつで何kgですか。

	1	.	5	5

```
   ×       =
```

答え　　　　　　kg

① 0.72L入りのジュースが36本あります。

全部で何Lですか。

| | × | | = | |

答え _____ L

② ロープを1.75mずつ切っていくと、ちょうど28本とれました。このロープのもとの長さは何mですか。

1.75m

| | × | | = | |

0と小数点をけすよ。

答え _____ m

1 水が5.4Lあります。この水を３人で等分します。

1人分は何Lですか。

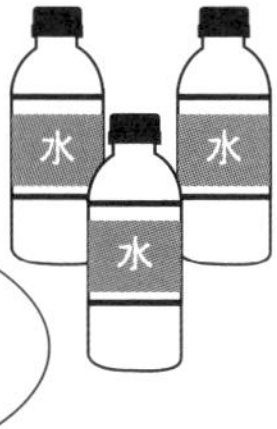

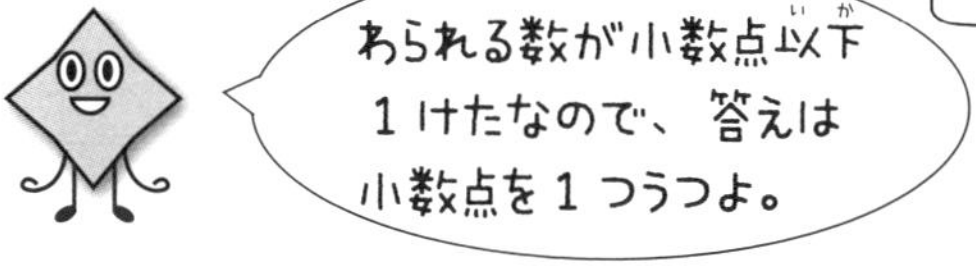

あられる数が小数点以下
1けたなので、答えは
小数点を1つうつよ。

$5.4 \div 3 =$

答え _____ L

2 長さ7.5mのリボンがあります。このリボンを５人で等分します。

1人分は何mですか。

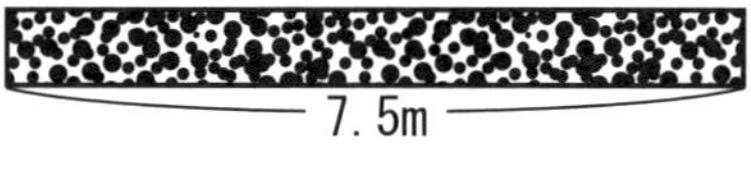

7.5m

$\div$ $=$

答え _____ m

1　しょうゆが7.2Lあります。これを
4本のペットボトルに等分します。
1本分は何Lですか。

| ÷ | = |

答え　　　　　　　L

2　米が7.2kgあります。これを6まい
のふくろに等分します。
1ふくろは何kgですか。

| ÷ | = |

答え　　　　　　　kg

65 小数のわり算 ③

月　日

1　長さ7.05mのリボンがありま
す。これを３人で等分します。
　　１人分は何mですか。

7.05m

7.05 ÷ 　　＝

```
    2 3
3)7.0 5
  6
  1 0
```

答え　　　　　　m

2　長さ9.72mのロープがありま
す。これを４人で等分します。
　　１人分は何mですか。

9.72m

　　　÷　　　＝

```
    2
4)9.7 2
```

答え　　　　　　m

1　ウーロン茶が3.36Lあります。これを8人で等分します。
　　1人分は何Lですか。

```
    0
8)3.3 6
```

÷	=

一の位でわれないときは0を書いて小数点を打って計算をすすめるよ。

答え　　　　　L

2　小麦こが2.88kgあります。これを6まいのふくろに等分します。
　　1ふくろ分は何kgですか。

÷	=

答え　　　　　kg

1　米が36.4kgあります。これを26まいのふくろに等分します。

1ふくろ分の米は何kgですか。

```
        1.4
  26)3 6.4
     2 6
     1 0 4
         0
```

36.4 ÷ ＝

答え　　　　　kg

2　あずきが51.2kgあります。これを32まいのふくろに等分します。

1ふくろ分のあずきは何kgですか。

```
  32)5 1.2
```

÷ ＝

答え　　　　　kg

1　お茶が57.6Lあります。これを48本のペットボトルに等分します。

　1本分のお茶は何Lですか。

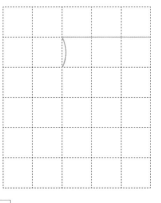

$$\boxed{ \div = }$$

答え　　　　　L

2　ジュースが52.5Lあります。これを35本のペットボトルに等分します。

　1本分のジュースは何Lですか。

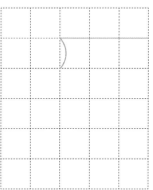

$$\boxed{ \div = }$$

答え　　　　　L

1　385円のコンパスと、420円のはさみを買います。
代金の合計は約何百円になりますか。

約何百で表すことを、
百の位までのがい数
にするというよ。

385　＋　420
↓　　　　↓

400 ＋ 400 ＝

答え　約　　　　　円

2　東公園には2150本のばらが、西公園には2730本
のばらがあります。2つの公園のばらは、合わせ
て約何千本ですか。

（約何千 ── 千の位までのがい数にします。）

2150　＋　2730
↓　　　　↓

2000 ＋　　　　＝

答え　約　　　　　本

1　東京都の小学校の先生は、33415人です。

　　中学校の先生は、19387人です。（2016年）

　　小学校と中学校の先生の合計は約何万人ですか。

　　（約何万──→万の位までのがい数にします。）

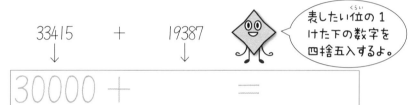

　　　　33415　　＋　　　19387
　　　　　↓　　　　　　　　↓

　　| 30000 | ＋ | | ＝ | |

表したい位の1
けた下の数字を
四捨五入するよ。

　　　　　　　　　　答え　約　　　　　　人

2　A4のコピー用紙は、1箱2850円です。

　　B4のコピー用紙は、1箱3280円です。

　　1箱ずつ買うと合計は約何千円ですか。

　　（約何千──→千の位までのがい数にします。）

　　　2850　　＋　　3280
　　　　↓　　　　　　↓

　　| | ＋ | | ＝ | |

　　　　　　　　　　答え　約　　　　　　円

① シャープペンシルは、1ダース768円です。

赤えん筆は、1ダース528円です。

シャープペンシルの方が約何百円高いですか。

（約何百──→百の位までのがい数にします。）

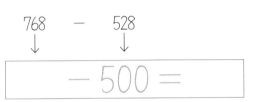
768　　－　　528
　↓　　　　　↓
| － 500 ＝ |

答え　約　　　　　円

② せん風機は、9280円です。

アイロンは、3880円です。

ねだんのちがいは約何千円ですか。

（約何千──→千の位までのがい数にします。）

9280　　－　　3880
　↓　　　　　↓
| 　　 － 　　 ＝ 　 |

答え　約　　　　　円

1　A4のダンボール箱は、90まいが4950円です。
　B4のダンボール箱は、90まいが6390円です。
　ねだんのちがいは約何千円ですか。
　(千の位のがい数にして計算します。)

6390　　－　　4950
↓　　　　　　↓

―	＝

　　　　　　　　答え　約　　　　　円

2　デジタルカメラは、28200円です。
　ビデオカメラは、62800円です。
　ビデオカメラの方が約何万円高いですか。
　(万の位のがい数にして計算します。)

62800　　　　　28200
↓　　　　　　↓

―	＝

　　　　　　　　答え　約　　　　　円

73 がい数を使って ⑤

月　日

1　1こ48円のみかんがあります。

このみかんを32こ買うと、およそ何円ですか。

（上から1けたのがい数にして、積を見積もります。）

上から1けたのがい数とは、上から2つめの位で四捨五入するよ。

48　×　32
↓　　　　↓

$$50 \times 30 =$$

答え　およそ　　　　　円

2　1こ43kgの荷物があります。

この荷物27こ分の重さは、およそ何kgですか。

（上から1けたのがい数にして、積を見積もります。）

43　×　27
↓　　　　↓

$$\boxed{} \times \boxed{} =$$

答え　およそ　　　　　kg

1　子ども会の53人が遠足に行きます。バス代は
1人370円です。全員のバス代は、およそ何円ですか。
　（上から1けたのがい数にして、積を見積もります。）

370　　×　　53
　↓　　　　↓

| 400 × | | = |

答え　およそ　　　　　　円

2　1まい63gの紙ぶくろがあります。
　この紙ぶくろ585まいの重さは、およそ何gですか。
　（上から1けたのがい数にして、積を見積もります。）

63　×　585
　↓　　　↓

| × | | = |

答え　およそ　　　　　　g

1　いちごが572こあります。これを箱に28こずつ入れます。箱はおよそ何箱いりますか。

　（上から1けたのがい数にして、商を見積もります。）

$$572 \div 28$$
↓　　　　　↓

$$600 \div 30 =$$

答え　およそ　　　　箱

2　クッキーが770こあります。これを箱に38こずつ入れます。箱はおよそ何箱いりますか。

　（上から1けたのがい数にして、商を見積もります。）

$$770 \div 38$$
↓　　　　↓

$$ \div =$$

答え　およそ　　　　箱

① 折り紙が4180まいあります。これを21人で同じ
ように分けます。

1人分はおよそ何まいですか。

（上から1けたのがい数にして、商を見積もり
ます。）

4180 ÷ 21
↓ ↓

4000 ÷ ☐ ＝

答え およそ ☐ まい

② 29人で電車にのって旅行に行きます。

旅行代金は全体で、86900円です。

1人分はおよそ何円ですか。

（上から1けたのがい数にして、商を見積もりま
す。）

☐ ÷ ☐ ＝

答え およそ ☐ 円

1　1箱5こ入りのドーナツが8箱あります。これを10人で同じ数ずつ分けると、1人分は何こですか。1つの式でときます。

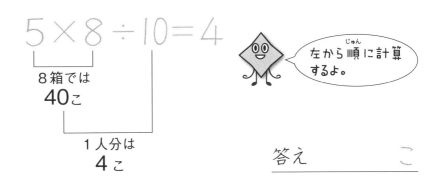

$$5 \times 8 \div 10 = 4$$

8箱では
40こ

1人分は
4こ

左から順に計算するよ。

答え　　　　　　　こ

2　1ふくろ12こ入りのあめが5ふくろあります。これを6人で同じ数ずつ分けると、1人分は何こですか。1つの式でときます。

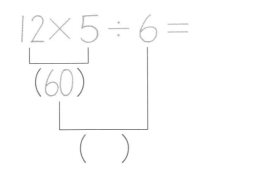

$$12 \times 5 \div 6 =$$

(60)

(　　)

答え　　　　　　　こ

1　30このケーキを同じ数ずつ6つの箱に分けます。この箱2つ分のケーキは何こですか。1つの式でときましょう。

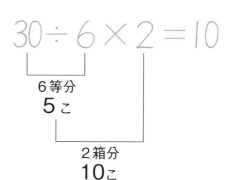

$$30 \div 6 \times 2 = 10$$

6等分
5こ

2箱分
10こ

答え　　　　　こ

2　80このくりを同じ数ずつ5まいのふくろに分けます。このふくろ3つ分のくりは何こですか。1つの式でときましょう。

$$80 \div 5 \times 3 =$$

（　　）

（　　）

答え　　　　　こ

1　1こ40円のたまごは、6こで1パックです。3パック買うと何円ですか。1つの式でときましょう。

$40 \times 6 \times 3 = 720$

6こ分
240円

3パック分
720円

答え　　　　　　円

2　かんジュースは、箱に6こずつ4列にならんで入っています。5箱分のかんジュースは何本ですか。1つの式でときましょう。

$6 \times 4 \times 5 =$

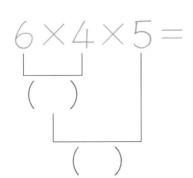

（　　）

（　　）

答え　　　　　　本

1　ゼリーは、箱に8こずつ5列にならんで入って
います。12箱分のゼリーは何こですか。1つの式
でときましょう。

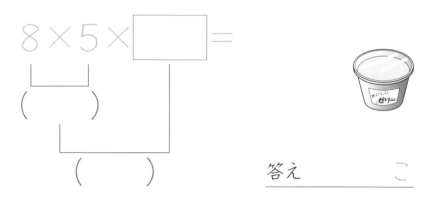

$$8 \times 5 \times \boxed{} =$$

（　　　）

（　　　）

答え＿＿＿＿＿＿こ

2　1こ50円のみかんが、箱に6こずつ4列になら
んで入っています。1箱分のみかんは何円ですか。
1つの式でときましょう。

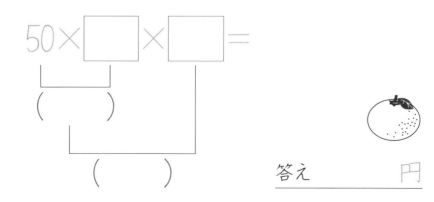

$$50 \times \boxed{} \times \boxed{} =$$

（　　　）

（　　　）

答え＿＿＿＿＿＿円

1　ジュース120本を５箱に同じ数ずつ入れます。その１箱分を６人で同じ数ずつ分けます。１人分は何本ですか。１つの式でときましょう。

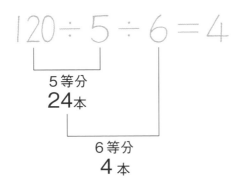

$$120 \div 5 \div 6 = 4$$

５等分
24本

６等分
4本

答え　　　　　　本

2　きくの花160本を10本ずつ束にします。できた束を４人で同じ数ずつ分けます。１人分は何束ですか。１つの式でときましょう。

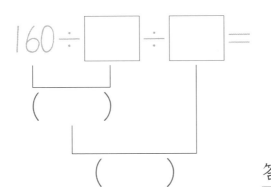

$$160 \div \boxed{} \div \boxed{} =$$

（　　　）

（　　　）

答え　　　　　　束

1　200円のなしと、150円のりんごを2こ買います。
　代金は何円ですか。1つの式でときましょう。

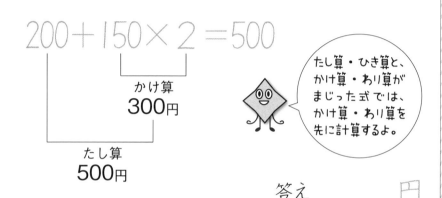

$$200 + 150 \times 2 = 500$$

かけ算
300円

たし算
500円

たし算・ひき算と、かけ算・わり算がまじった式では、かけ算・わり算を先に計算するよ。

答え 　　　　　　円

2　160円のメロンパン1ことと、80円のドーナツを5
　こ買います。代金は何円ですか。1つの式でとき
　ましょう。

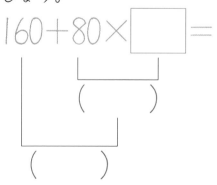

$$160 + 80 \times \boxed{} =$$

（　　　　）

（　　　　）

答え 　　　　　　円

①　500円出して、60円のえん筆を５本買います。お
　つりは何円ですか。１つの式でときましょう。

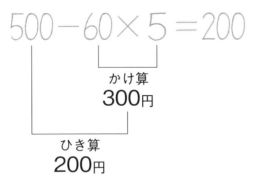

$$500-60\times5=200$$

かけ算
300円

ひき算
200円

答え 　　　　　　　円

②　折り紙が80まいあります。６人が10まいずつも
　らってつるを折ります。折り紙は何まい残ります
　か。１つの式でときましょう。

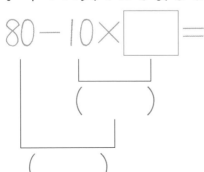

$$80-10\times \boxed{}=$$

（　　　）

（　　　）

答え 　　　　まい

1　1足350円のくつしたが50円安くなっているので、6足買いました。代金は何円ですか。（　）を使って1つの式にしてときましょう。

$$(350-50) \times 6 = 1800$$

↑
くつ下1足のねだん

（　）の中を先に
計算するよ。

答え　　　　　　円

2　1束220円の折り紙が20円安くなっているので、4束買いました。代金は何円ですか。（　）を使って1つの式にしてときましょう。

$$(220-20) \times \boxed{} = \boxed{}$$

↑
折り紙1束のねだん

答え　　　　　　円

1　1こ860円のメロンが60円安くなっているので、5こ買いました。代金は何円ですか。（　）を使って1つの式にしてときましょう。

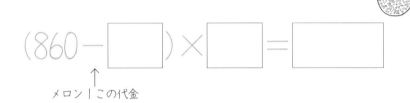

$$(860 - \boxed{}) \times \boxed{} = \boxed{}$$

↑
メロン1この代金

答え ＿＿＿＿＿＿＿＿ 円

2　1さつ120円のノートが10円安くなっているので、8さつ買いました。代金は何円ですか。（　）を使って1つの式にしてときましょう。

$$(\boxed{} - \boxed{}) \times \boxed{} = \boxed{}$$

↑
ノート1さつのねだん

答え ＿＿＿＿＿＿＿＿ 円

1 1こ40円の消しゴムと、1本60円のえん筆を1組にして買います。1000円では何組まで買えますか。(　)を使って1つの式にしてときましょう。

$$1000 \div (40 + 60) = 10$$

↑
1組のねだん

答え　　　　　組

2 男子が4人、女子も4人います。120まいの折り紙を同じ数ずつ分けると1人分は何まいですか。(　)を使って1つの式にしてときましょう。

$$120 \div (\boxed{} + \boxed{}) = \boxed{}$$

↑
男子・女子合計

答え　　　　まい

こたえ

---

1 ÷1けた ①

1. $72 \div 6 = 12$ <u>12ケース</u>
2. $84 \div 7 = 12$ <u>12箱</u>

2 ÷1けた ②

1. $80 \div 5 = 16$ <u>16束</u>
2. $75 \div 3 = 25$ <u>25本</u>

3 ÷1けた ③

1. $95 \div 4 = 23 \cdots 3$

   <u>23人　あまり3まい</u>
2. $95 \div 7 = 13 \cdots 4$

   <u>13人　あまり4まい</u>

4 ÷1けた ④

1. $85 \div 3 = 28 \cdots 1$

   <u>28本　あまり1本</u>
2. $85 \div 4 = 21 \cdots 1$

   <u>21本　あまり1本</u>

5 ÷1けた ⑤

1. $738 \div 3 = 246$ <u>246まい</u>
2. $940 \div 4 = 235$ <u>235羽</u>

6 ÷1けた ⑥

1. $725 \div 5 = 145$ <u>145こ</u>

2. $864 \div 6 = 144$ <u>144本</u>

7 ÷1けた ⑦

1. $444 \div 6 = 74$ <u>74箱</u>
2. $280 \div 8 = 35$ <u>35箱</u>

8 ÷1けた ⑧

1. $312 \div 6 = 52$ <u>52m</u>
2. $315 \div 7 = 45$ <u>45まい</u>

9 ÷2けた ①

1. $240 \div 60 = 4$ <u>4本</u>
2. $350 \div 70 = 5$ <u>5本</u>

10 ÷2けた ②

1. $480 \div 80 = 6$ <u>6束</u>
2. $240 \div 30 = 8$ <u>8箱</u>

11 ÷2けた ③

1. $400 \div 60 = 6 \cdots 40$

   <u>6本　あまり40円</u>
2. $500 \div 80 = 6 \cdots 20$

   <u>6こ　あまり20円</u>

12 ÷2けた ④

1. $300 \div 70 = 4 \cdots 20$

   <u>4箱　あまり20本</u>

2　$220 \div 40 = 5 \cdots 20$
　　　5本　あまり20cm

2　$95 \div 26 = 3 \cdots 17$
　　　3箱　あまり17こ

⑬ ÷2けた ⑤

1　$84 \div 12 = 7$　　7まい
2　$72 \div 24 = 3$　　3こ

⑭ ÷2けた ⑥

1　$78 \div 26 = 3$　　3人
2　$96 \div 12 = 8$　　8ケース

⑮ ÷2けた ⑦

1　$64 \div 16 = 4$　　4さつ
2　$90 \div 15 = 6$　　6こ

⑯ ÷2けた ⑧

1　$75 \div 25 = 3$　　3人
2　$90 \div 18 = 5$　　5本

⑰ ÷2けた ⑨

1　$65 \div 12 = 5 \cdots 5$　　5ケース
2　$98 \div 24 = 4 \cdots 2$　　4箱

⑱ ÷2けた ⑩

1　$80 \div 18 = 4 \cdots 8$　　4箱
2　$95 \div 15 = 6 \cdots 5$　　6本

⑲ ÷2けた ⑪

1　$84 \div 16 = 5 \cdots 4$
　　　5束　あまり4本

⑳ ÷2けた ⑫

1　$64 \div 18 = 3 \cdots 10$
　　　3本　あまり10cm
2　$76 \div 18 = 4 \cdots 4$
　　　4まい　あまり4まい

㉑ ÷2けた ⑬

1　$108 \div 18 = 6$　　6本
2　$135 \div 15 = 9$　　9cm

㉒ ÷2けた ⑭

1　$180 \div 36 = 5$　　5台分
2　$270 \div 45 = 6$　　6本

㉓ ÷2けた ⑮

1　$112 \div 28 = 4$　　4まい
2　$220 \div 55 = 4$　　4本

㉔ ÷2けた ⑯

1　$208 \div 26 = 8$　　8まい
2　$228 \div 38 = 6$　　6台分

㉕ ÷2けた ⑰

1　$130 \div 18 = 7 \cdots 4$　　7箱
2　$180 \div 25 = 7 \cdots 5$　　7人

㉖ ÷2けた ⑱

1　$290 \div 35 = 8 \cdots 10$　　8本

② $170 \div 28 = 6 \cdots 2$ <u>6こ</u>

② $545 \div 45 = 12 \cdots 5$

<u>12本　あまり5cm</u>

㉗ ÷2けた ⑲

① $110 \div 15 = 7 \cdots 5$

<u>7こ　あまり5こ</u>

② $200 \div 28 = 7 \cdots 4$

<u>7こ　あまり4こ</u>

㉝ ÷2けた ㉕

① $550 \div 26 = 21 \cdots 4$　<u>21人</u>

② $750 \div 24 = 31 \cdots 6$　<u>31箱</u>

㉞ ÷2けた ㉖

① $630 \div 48 = 13 \cdots 6$　<u>13箱</u>

② $580 \div 38 = 15 \cdots 10$　<u>15本</u>

㉘ ÷2けた ⑳

① $210 \div 25 = 8 \cdots 10$

<u>8束　あまり10まい</u>

② $150 \div 16 = 9 \cdots 6$

<u>9箱　あまり6まい</u>

㉟ ÷2けた ㉗

① $430 \div 18 = 23 \cdots 16$　<u>24まい</u>

② $500 \div 46 = 10 \cdots 40$　<u>11回</u>

㉙ ÷2けた ㉑

① $288 \div 12 = 24$　<u>24こ</u>

② $675 \div 25 = 27$　<u>27こ</u>

㊱ ÷2けた ㉘

① $200 \div 16 = 12 \cdots 8$　<u>13日</u>

② $400 \div 24 = 16 \cdots 16$　<u>17箱</u>

㉚ ÷2けた ㉒

① $450 \div 18 = 25$　<u>25人</u>

② $540 \div 36 = 15$　<u>15箱</u>

㊲ ÷2けた ㉙

① $216 \div 20 = 10 \cdots 16$　<u>11日</u>

② $800 \div 48 = 16 \cdots 32$　<u>17箱</u>

㉛ ÷2けた ㉓

① $185 \div 12 = 15 \cdots 5$

<u>15こ　あまり5こ</u>

② $320 \div 15 = 21 \cdots 5$

<u>21まい　あまり5まい</u>

㊳ ÷2けた ㉚

① $570 \div 24 = 23 \cdots 18$　<u>24こ</u>

② $750 \div 65 = 11 \cdots 35$　<u>12日</u>

㊴ 小数のたし算 ①

㉜ ÷2けた ㉔

① $470 \div 26 = 18 \cdots 2$

<u>18箱　あまり2こ</u>

① $2.3 + 4.2 = 6.5$　<u>6.5m</u>

② $3.2 + 5.4 = 8.6$　<u>8.6m</u>

40 小数のたし算 ②

1 $4 + 3.6 = 7.6$ 7.6kg
2 $0.3 + 1.4 = 1.7$ 1.7L

41 小数のたし算 ③

1 $0.8 + 3.2 = 4$ 4kg
2 $1.4 + 4.6 = 6$ 6kg

42 小数のたし算 ④

1 $2.6 + 1.4 = 4$ 4t
2 $4.5 + 3.5 = 8$ 8cm

43 小数のたし算 ⑤

1 $1.25 + 1.54 = 2.79$ 2.79L
2 $2.25 + 0.4 = 2.65$ 2.65L

44 小数のたし算 ⑥

1 $2.55 + 1.05 = 3.6$ 3.6km
2 $2.35 + 3.65 = 6$ 6kg

45 小数のひき算 ①

1 $1.2 - 0.7 = 0.5$ 0.5L
2 $3.2 - 2.7 = 0.5$ 0.5m

46 小数のひき算 ②

1 $7 - 4.5 = 2.5$ 2.5km
2 $4.3 - 1.4 = 2.9$ 2.9kg

47 小数のひき算 ③

1 $3.6 - 1.6 = 2$ 2kg
2 $5.7 - 1.7 = 4$ 4kg

48 小数のひき算 ④

1 $8.5 - 2.5 = 6$ 6m
2 $6.3 - 1.3 = 5$ 5L

49 小数のひき算 ⑤

1 $6.58 - 1.26 = 5.32$ 5.32kg
2 $4.97 - 0.75 = 4.22$ 4.22kg

50 小数のひき算 ⑥

1 $5.32 - 2.3 = 3.02$ 3.02km
2 $7.65 - 4.6 = 3.05$ 3.05m

51 分数のたし算 ①

1 $\dfrac{3}{4} + \dfrac{2}{4} = \dfrac{5}{4} = 1\dfrac{1}{4}$ $1\dfrac{1}{4}$L
2 $\dfrac{7}{8} + 3\dfrac{1}{8} = 3\dfrac{8}{8} = 4$ 4m

52 分数のたし算 ②

1 $2\dfrac{4}{7} + 3\dfrac{1}{7} = 5\dfrac{5}{7}$ $5\dfrac{5}{7}$m
2 $3\dfrac{3}{4} + 4\dfrac{2}{4} = 7\dfrac{5}{4} = 8\dfrac{1}{4}$

   $8\dfrac{1}{4}$kg

53 分数のひき算 ①

1 $\dfrac{8}{9} - \dfrac{2}{9} = \dfrac{6}{9}$ $\dfrac{6}{9}$L
2 $2\dfrac{7}{10} - \dfrac{6}{10} = 2\dfrac{1}{10}$ $2\dfrac{1}{10}$kg

こ た え

4

❖ 54 分数のひき算 ②

$\boxed{1}$ $\quad 4\dfrac{4}{5} - 2\dfrac{3}{5} = 2\dfrac{1}{5}$ $\qquad 2\dfrac{1}{5}\,\text{m}$

$\boxed{2}$ $\quad 3 - 1\dfrac{3}{5} = 2\dfrac{5}{5} - 1\dfrac{3}{5} = 1\dfrac{2}{5}$

$\qquad\qquad\qquad\qquad\qquad\quad 1\dfrac{2}{5}\,\text{m}$

❖ 55 小数のかけ算 ①

$\boxed{1}$ $\quad 3.7 \times 5 = 18.5$ $\qquad \underline{18.5\text{kg}}$

$\boxed{2}$ $\quad 5.4 \times 6 = 32.4$ $\qquad \underline{32.4\text{L}}$

❖ 56 小数のかけ算 ②

$\boxed{1}$ $\quad 3.5 \times 5 = 17.5$ $\qquad \underline{17.5\text{kg}}$

$\boxed{2}$ $\quad 2.4 \times 7 = 16.8$ $\qquad \underline{16.8\text{km}}$

❖ 57 小数のかけ算 ③

$\boxed{1}$ $\quad 2.45 \times 6 = 14.7$ $\qquad \underline{14.7\text{m}}$

$\boxed{2}$ $\quad 3.24 \times 5 = 16.2$ $\qquad \underline{16.2\text{kg}}$

❖ 58 小数のかけ算 ④

$\boxed{1}$ $\quad 4.35 \times 8 = 34.8$ $\qquad \underline{34.8\text{m}}$

$\boxed{2}$ $\quad 3.25 \times 4 = 13$ $\qquad \underline{13\text{kg}}$

❖ 59 小数のかけ算 ⑤

$\boxed{1}$ $\quad 2.5 \times 35 = 87.5$ $\qquad \underline{87.5\text{m}}$

$\boxed{2}$ $\quad 3.2 \times 28 = 89.6$ $\qquad \underline{89.6\text{kg}}$

❖ 60 小数のかけ算 ⑥

$\boxed{1}$ $\quad 2.6 \times 28 = 72.8$ $\qquad \underline{72.8\text{km}}$

$\boxed{2}$ $\quad 1.5 \times 63 = 94.5$ $\qquad \underline{94.5\text{L}}$

❖ 61 小数のかけ算 ⑦

$\boxed{1}$ $\quad 0.86 \times 24 = 20.64$ $\qquad \underline{20.64\text{L}}$

$\boxed{2}$ $\quad 1.55 \times 15 = 23.25$ $\qquad \underline{23.25\text{kg}}$

❖ 62 小数のかけ算 ⑧

$\boxed{1}$ $\quad 0.72 \times 36 = 25.92$ $\qquad \underline{25.92\text{L}}$

$\boxed{2}$ $\quad 1.75 \times 28 = 49$ $\qquad \underline{49\text{m}}$

❖ 63 小数のわり算 ①

$\boxed{1}$ $\quad 5.4 \div 3 = 1.8$ $\qquad \underline{1.8\text{L}}$

$\boxed{2}$ $\quad 7.5 \div 5 = 1.5$ $\qquad \underline{1.5\text{m}}$

❖ 64 小数のわり算 ②

$\boxed{1}$ $\quad 7.2 \div 4 = 1.8$ $\qquad \underline{1.8\text{L}}$

$\boxed{2}$ $\quad 7.2 \div 6 = 1.2$ $\qquad \underline{1.2\text{kg}}$

❖ 65 小数のわり算 ③

$\boxed{1}$ $\quad 7.05 \div 3 = 2.35$ $\qquad \underline{2.35\text{m}}$

$\boxed{2}$ $\quad 9.72 \div 4 = 2.43$ $\qquad \underline{2.43\text{m}}$

❖ 66 小数のわり算 ④

$\boxed{1}$ $\quad 3.36 \div 8 = 0.42$ $\qquad \underline{0.42\text{L}}$

$\boxed{2}$ $\quad 2.88 \div 6 = 0.48$ $\qquad \underline{0.48\text{kg}}$

❖ 67 小数のわり算 ⑤

$\boxed{1}$ $\quad 36.4 \div 26 = 1.4$ $\qquad \underline{1.4\text{kg}}$

$\boxed{2}$ $\quad 51.2 \div 32 = 1.6$ $\qquad \underline{1.6\text{kg}}$

❖ 68 小数のわり算 ⑥

$\boxed{1}$ $\quad 57.6 \div 48 = 1.2$ $\qquad \underline{1.2\text{L}}$

$\boxed{2}$ $\quad 52.5 \div 35 = 1.5$ $\qquad \underline{1.5\text{L}}$

69 がい数を使って ①

1. $400 + 400 = 800$ 約800円
2. $2000 + 3000 = 5000$ 約5000本

70 がい数を使って ②

1. $30000 + 20000 = 50000$

   約50000人
2. $3000 + 3000 = 6000$ 約6000円

71 がい数を使って ③

1. $800 - 500 = 300$ 約300円
2. $9000 - 4000 = 5000$ 約5000円

72 がい数を使って ④

1. $6000 - 5000 = 1000$ 約1000円
2. $60000 - 30000 = 30000$

   約30000円

73 がい数を使って ⑤

1. $50 \times 30 = 1500$ およそ1500円
2. $40 \times 30 = 1200$ およそ1200kg

74 がい数を使って ⑥

1. $400 \times 50 = 20000$

   およそ20000円
2. $60 \times 600 = 36000$

   およそ36000g

75 がい数を使って ⑦

1. $600 \div 30 = 20$ およそ20箱

2. $800 \div 40 = 20$ およそ20箱

76 がい数を使って ⑧

1. $4000 \div 20 = 200$

   およそ200まい
2. $90000 \div 30 = 3000$

   およそ3000円

77 1つの式でとく ①

1. $5 \times 8 \div 10 = 4$ 4こ
2. $12 \times 5 \div 6 = 10$ 10こ
   (60)
   (10)

78 1つの式でとく ②

1. $30 \div 6 \times 2 = 10$ 10こ
2. $80 \div 5 \times 3 = 48$ 48こ
   (16)
   (48)

79 1つの式でとく ③

1. $40 \times 6 \times 3 = 720$ 720円
2. $6 \times 4 \times 5 = 120$ 120本
   (24)
   (120)

80 1つの式でとく ④

1. $8 \times 5 \times \boxed{12} = 480$ 480こ
   (40)
   (480)

② $50 \times \boxed{6} \times \boxed{4} = 1200$ <u>1200円</u>

   (300)

       (1200)

㊛ 1つの式でとく ⑤

① $120 \div 5 \div 6 = 4$ <u>4本</u>

② $160 \div 10 \div 4 = 4$ <u>4束</u>

  (16)

    (4)

㊜ 1つの式でとく ⑥

① $200 + 150 \times 2 = 500$ <u>500円</u>

② $160 + 80 \times \boxed{5} = 560$ <u>560円</u>

    (400)

  (560)

㊝ 1つの式でとく ⑦

① $500 - 60 \times 5 = 200$ <u>200円</u>

② $80 - 10 \times 6 = 20$ <u>20まい</u>

   (60)

  (20)

㊞ 1つの式でとく ⑧

① $(350 - 50) \times 6 = 1800$ <u>1800円</u>

② $(220 - 20) \times \boxed{4} = \boxed{800}$ <u>800円</u>

㊟ 1つの式でとく ⑨

① $(860 - \boxed{60}) \times \boxed{5} = 4000$

            <u>4000円</u>

② $(\boxed{120} - \boxed{10}) \times \boxed{8} = \boxed{880}$

            <u>880円</u>

㊠ 1つの式でとく ⑩

① $1000 \div (40 + 60) = 10$ <u>10組</u>

② $120 \div (\boxed{4} + \boxed{4}) = \boxed{15}$ <u>15まい</u>